CON GRIN SUS CONOCIMIENTOS VALEN MAS

- Publicamos su trabajo académico, tesis y tesina
- Su propio eBook y libro - en todos los comercios importantes del mundo
- Cada venta le sale rentable

Ahora suba en www.GRIN.com y publique gratis

Bibliographic information published by the German National Library:

The German National Library lists this publication in the National Bibliography; detailed bibliographic data are available on the Internet at http://dnb.dnb.de .

Imprint:

Print and binding: Books on Demand GmbH, Norderstedt Germany
ISBN: 9783668601758

This book at GRIN:

https://www.grin.com/document/197358

Paredes Rojas Génesis Oriana, Matheus Torres Stefany Roxana, Uzcategui Hernández María José, González Andara Norelys Carolina, Gil Gerard José, Márquez Vera Génesis Betzabeth

Comportanmiento y Conocimiento sobre la Preservación de nuestro Preciado líquido el agua potable el Periodo de Febrero a Junio del 2012 Valera estado trujillo

GRIN Publishing

REPUBLICA BOLIVARIANA DE VENEZUELA
MINISTERIO DEL PODER POPULAR PARA LA EDUCACION
UE "RODOLFO LOERO ARISMENDI"
VALERA ESTADO TRUJILLO

COMPORTAMIENTO Y CONOCIMIENTO SOBRE LA PRESERVACIÓN DE NUESTRO PRECIADO LÍQUIDO EL AGUA POTABLE DURANTE EL PERIODO DE FEBRERO A JUNIO DEL 2012 VALERA ESTADO TRUJILLO

AUTORES:
Paredes Rojas Génesis Oriana
Matheus Torres Stefany Roxana
Uzcategui Hernández María José
González Andara Norelys Carolina
Gil Gerard José
Márquez Vera Génesis Betzabeth

JUNIO 2012

DEDICATORIA

A mis Padres y amigos con amor

AGRADECIMIENTO

A la UE “Rodolfo Loero Arismendi” por la oportunidad brindada para realizar esta investigación.

A los profesores de Física y Biología del 4° año, por ayudarnos a fortalecer nuestros conocimientos.

A los alumnos del 4° año secciones B y C por su valiosa colaboración en el llenado del instrumento de investigación (encuesta),gracias a ellos se pudo realizar este estudio.

A todos mil gracias.

PENSAMIENTO

……….La investigación abre los caminos de lo desconocido……………………………….

Rafael Rangel

COMPORTAMIENTO Y CONOCIMIENTO SOBRE LA PRESERVACIÓN DE NUESTRO PRECIADO LÍQUIDO EL AGUA POTABLE DURANTE EL PERIODO DE FEBRERO A JUNIO DEL 2012 VALERA ESTADO TRUJILLO

AUTORES:
Paredes Rojas Génesis Oriana
Matheus Torres Stefany Roxana
Uzcategui Hernández María José
González Andara Norelys Carolina
Gil Gerard José
Márquez Vera Génesis Betzabeth

RESUMEN

Se realizó un Estudio descriptivo, transversal, de campo, documental no Probabilístico e intencional a 50 estudiantes del 4° año de la UE "Rodolfo Loero Arismendi" de la Ciudad de Valera Estado Trujillo durante el periodo Febrero a Junio del 2012 con el propósito de determinar el grado de Comportamiento y Conocimiento sobre la Preservación de nuestro Preciado Líquido el agua potable. Encontrándose los siguientes resultados : del 50% al 58% de los participantes mantienen el grifo del agua abierta mientras se cepillan los dientes, se duchan y lavan los utensilios de cocina, el 54%se asegura que el grifo del agua no quede goteando, creen que se puede utilizar el agua de lluvia ,que 3 tobos (total 45 lts) de agua son suficientes para lavar un carro y que se gasta más agua lavando a mano que en lavadora , el 96% de los estudiados creen que el agua es importante para vivir, el 80% saben que el agua es un recurso natural renovable y el 94% no saben cuántos litros de agua se necesitan para bañarse. Lo que refleja el poco conocimiento sobre la preservación, usos racionales y conservación del agua potable.

Descriptores: agua potable, conservación, uso racional, Preservación, conocimientos.

BEHAVIOR AND KNOWLEDGE ABOUT THE PRESERVATION OF OUR PRECIOUS LIQUID DRINKING WATER DURING THE PERIOD FEBRUARY TO JUNE 2012 VALERA TRUJILLO STATE

AUTHORS:
Paredes Rojas Génesis Oriana
Matheus Torres Stefany Roxana
Uzcategui Hernández María José
González Andara Norelys Carolina
Gil Gerard José
Márquez Vera Génesis Betzabeth

Summary

study a descriptive, transversal, field, documentary not probabilistic and intentional to 50 students from the 4th year of the EU "Rodolfo Loero Arismendi" of the city of Valera Been Trujillo during the period February to June 2012 for the purpose of determining the level of behaviour and knowledge about the preservation of our liquid Precious drinking water. Found the following results: from 50% to 58% of participants kept the open water tap while brushing teeth, be showered and washed the kitchen utensils, 54% ensures that the tap water is not leaking, believe that rain water can be used, 3 containers (total 45 litres) of water is sufficient to wash a car and spent more water washing by hand in washing machine 96% of the studied believe that water is important to live, 80% know that water is a renewable natural resource and 94% do not know how many litres of water are needed to bathe. Reflecting the lack of knowledge about preservation, rational use and conservation of water.

Descriptors: drinking water, conservation, rational use, preservation, knowledge

.

INDICE

INDICE DE TABLAS

INDICE DE GRAFICOS

INTRODUCCION

El agua es uno de los elementos más importantes para la vida de todos los seres vivos , es un recurso natural renovable ocupa el 75% el planeta tierra y solo el 3% es apta para el consumo humano ; la cual es necesaria para las fusiones de nuestro organismo (respirar, lubricar los ojos, mantener húmeda las mucosas, la temperatura corporal, eliminar desechos tóxicos por la orina y atreves de la heces fecales) (1). El agua es un elemento importante en la naturaleza, se obtiene por agua de lluvia que fluye por la superficie terrestre, creando ríos, lagunas, quebradas etc. (creando un ciclo)

El ciclo del agua va desde la transpiración de agua por las plantas que habitan en los bosques, evaporación del agua del suelo y ríos hasta que se forman las cuencas hidrográficas. Desde el punto de vista físico, el agua circula constantemente en un ciclo de evaporación o transpiración (evapotranspiración), precipitación, y desplazamiento hacia el mar. Los vientos transportan tanto vapor de agua como el que se vierte en los mares mediante su curso sobre la tierra, en una cantidad aproximada de 45.000 km^3 al año. En tierra firme, la evaporación y transpiración contribuyen con 74.000 km^3 anuales al causar precipitaciones de 119.000 km^3 cada año. (1,2)

Teniendo en cuenta lo anteriormente expuesto el acceso al agua potable se ha incrementado durante las últimas décadas en la superficie terrestre. Sin embargo estudios de la FAO, estiman que uno de cada cinco países en vías de desarrollo tendrá problemas de escasez de agua antes de 2030; en esos países es vital un menor gasto de agua en la agricultura modernizando los sistemas de riego. (2)

El agua que existe en la tierra es fundamental para diversas actividades como: producción de alimentos, cría de animales. Si este vital líquido falta el ciclo de la vida se detiene, nosotros como seres humanos no podríamos vivir más de cuatro días sin tomar agua. Es de vital importancia estar conscientes que a pesar de la época en que vivimos todavía hay personas que no tienen agua potable.

El rápido crecimiento de las poblaciones ha repercutido negativamente sobre el aprovechamiento del agua manifestándose en escasez del preciado líquido. Muchos factores promueven el déficit del agua como las practicas inapropiadas en la agricultura, el crecimiento acelerado de la población, la masificación de construcción en lechos de ríos, la contaminación de las aguas ya sea por desechos humanos o de fábricas , y el uso indiscriminados del agua.(3)

La disponibilidad del agua resulta problemática en buena parte del mundo, y por ello se ha convertido en una de las principales preocupaciones de gobiernos en todo el mundo. Actualmente, se estima que alrededor de mil millones de personas tienen un deficiente acceso al agua potable. Esta situación se agrava por el consumo de aguas en malas condiciones, que favorece la proliferación de enfermedades y brotes epidémicos. Muchos de los países reunidos en envían en la XXIXª conferencia del G-8 se marcaron 2015 como fecha límite para conseguir el acceso universal a agua en mejores condiciones en todo el mundo (4,17)

Incluso si se lograse este difícil objetivo, se calcula que aún quedaría alrededor de 500 millones sin acceso al agua potable, y más de mil millones carecerían de un adecuado sistema de saneamiento. La mala calidad el agua y el saneamiento irregular afectan gravemente el estado sanitario de la población: sólo el consumo de agua contaminada causa 5.000.000 de muertes al año, según informes de las Naciones Unidas, que declararon 2005-2015 la "Década de la acción". (5)

La OMS estima que la adopción de políticas de agua segura podría evitar la muerte de 1.400.000 niños al año, víctimas de diarrea. 50 países que reúnen a casi un tercio de la población mundial carecen de un adecuado suministro de agua, y 17 de ellos extraen anualmente más agua de sus acuíferos de la que puede renovarse naturalmente. La contaminación, por otra parte, no sólo contamina el agua de ríos y mares, sino los recursos hídricos subterráneos que sirven de abastecimiento del consumo humano.(6)

PLANTEAMIENTO DEL PROBLEMA

En Venezuela la demanda de agua para riego es cada vez mayor. En un estudio realizado por González (González, A. 2000. "Informe Nacional sobre la Gestión del Agua en Venezuela". Caracas), se indica que la demanda agregada nacional alcanzaba a 11.907 Mm3, para finales de la década de 1990. Con aumento a fines del 2020 con disminución de sus principales fuentes de agua provenientes de los embalses y ríos por el cambio climático y el calentamiento global. (7, 11)

Estado Trujillo 2009 sobre uso y manejo, conservación del agua un problema de todos se menciona el desperdicio y contaminación del agua potable en forma indiscriminada, a pesar de la escases del agua en diferentes barriadas y zonas rurales la inconsciencia de los consumidores en cuanto al ahorro está siempre presente sin olvidar las enfermedades que presentan por la contaminación de las mismas. (11)

Para poder corregir esto se debe tener claro la magnitud del problema, determinado el grado de ignorancia de la población en cuanto a la importancia y preservación del agua; para tal fin se debe educar a la población a todos los niveles, difundir la preservación por todos los medios de comunicación y el estado Venezolano debe realizar políticas que favorezcan la preservación del agua.

Por lo que se debe comenzar a educar a la población desde los niveles iniciares hasta la Diversificada; ya que si bien el agua es un derecho, también tenemos el deber de cuidarla y preservarla no solo en la actualidad sino también para las generaciones futuras.

Debido a la importancia del agua es necesario conocer la manera de preservarla; que justamente nosotros como seres humanos ocasionamos las causas que llevan a la contaminación y disminución del agua. Para iniciar este aporte se trabajara con los estudiantes del 4° año del UE" Rodolfo Loero Arismendi" sin olvidar que es muy amplio el universo al que desea concientizar e implementar medidas que se difundan a un conglomerado mayor, y a su vez que esta investigación sirva de punto de partida para otras investigaciones en beneficio de nuestras generaciones futuras.

OBJETIVOS DE INVESTIGACION

Objetivo General

Determinar el grado de comportamiento y conocimiento sobre la preservación de nuestro preciado líquido el agua potable en los estudiantes del 4° año de la UE "Rodolfo Loero Arismendi" de la ciudad de Valera estado Trujillo durante el periodo Febrero a Junio del 2012.

Objetivos Específicos

- Identificar el grado de conocimiento sobre la preservación del agua potable en los estudiantes participantes en la investigación.
- Identificar el comportamiento en cuanto al uso del agua y su repercusión en la preservación de la misma en los participantes sujetos a estudio.
- Establecer y fomentar la importancia de las medidas de preservación del agua que se llevan en la práctica diaria para su uso en los participantes en estudio.

JUSTIFICACIÓN E IMPORTANCIA DE LA INVESTIGACIÓN

El agua tiene un valor ilimitado. Sin agua no existiría la vida. Las personas hemos aprendido a utilizarla para muchas actividades ya que es imprescindible para nuestra subsistencia, pero esta capacidad nos obliga a no hacer un uso abusivo e irrespetuoso ya que es un recurso indispensable para los seres vivos y para los humanos. Su importancia estriba en los siguientes aspectos: es fuente de vida; sin ella no pueden vivir ni las plantas, ni los animales ni el ser humano. Es indispensable en la vida diaria. (10)

Pero existen problemas resaltantes, influenciados directamente por las actividades humanas, entre los que se encuentran: Destrucción de las fuentes de agua por la tala y quema de los bosques, y el mal manejo de las cuencas, contaminación de ríos, lagos y mares por desagües de las ciudades, de las industrias, mineros y vertimiento de productos químicos (herbicidas, insecticidas, fertilizantes).(10)

A pesar que en muchos lugares, especialmente en las zonas áridas, el agua es muy escasa, ésta se desperdicia de muchas formas. Por una parte, se pierde agua por las malas instalaciones urbanas y caseras, y, por otra parte, el agua es mal usada o usada sin conciencia de ahorro. Esto nos hace pensar en la necesidad de realizar esta investigación a fin de promover le preservación del agua potable.

En este sentido el presente trabajo tendrá como propósito determinar el grado de conocimiento de la conservación del agua en los estudiantes del 4º año de la UE "Rodolfo Loero Arismendi" de la ciudad de Valera estado Trujillo durante el periodo de Febrero a Junio del 2012.

Se justifica la necesidad de establecer esta investigación a fin de promover le preservación del agua potable a través de la concientización por medio de charlas educativas, trípticos y propagandas referentes al tema. Además que pueda servir como referencia documental para futuras investigaciones relacionadas con la preservación del agua potable.

MARCO TEÓRICO

ANTECEDENTES DE LA INVESTIGACIÓN

Se revisó el estudio de campo, descriptivo tomado de internet correspondiente a la Universidad de los Andes. Núcleo Universitario Rafael Rangel. Departamento de Ingeniería NURR-ULA-Trujillo-Venezuela, 2009 cuyo título es: "Uso, Manejo y Conservación del agua un problema de todos", el objetivo del estudio es que tenga un efecto duradero y significativo; con la participación fluida recíproca entre los investigadores y los miembros de las comunidades; sobre la conservación del agua, donde el manejo del agua no es sólo una virtud en principio, sino una necesidad en la que prácticamente se le desperdicia y contamina sin tomar en cuenta las consecuencias posteriores.(11)

En la actualidad aún se carece de planificación y de un adecuado control, generando de esta forma diversos impactos al ambiente, se confirma que una cuarta parte de la población carece de una fuente de agua segura y que la mitad no tiene saneamiento adecuado; por lo que necesitamos políticas de protección, mantenimiento y purificación del agua además de la conciencia educativa por parte de los consumidores. (11)

Igualmente se revisó la investigación experimental titulada: Calidad del Agua en la Laguna de San Vicente realizado 2007 Medellín Colombia dondelo observado en la parte experimental de este trabajo, comprobamos que las especies *Pistiastratiotes* y *Lemmalaevigatum* son excelentes *bioindicadores*de contaminación, ya que se mostraron extremadamente sensibles a la presencia decontaminantes, aún en concentraciones ínfimas. Confirmamos nuestra hipótesis principal: el agua de la laguna de San Vicente, está libre de contaminantes y es un agua de calidad. (12)

Esto quedó demostrado de dos formas: por un lado la presencia en la misma de especies como *Pistiastratiotes* y *Lemmalaevigatum*(que por lo analizado en el punto anterior, son excelentes bioindicadores de contaminación), ya de por sí es un indicio de ausencia de contaminantes, por otro lado en las experiencias realizadas los ejemplares colocados en el medio con agua de la laguna fueron los que se comportaron con mayor similitud a los del medio testigo (aguamineral).El agua tiene un valor ilimitado. Sin agua no existiría la vida. Las personas hemos aprendido a utilizarla para muchas ya que es imprescindible para nuestra subsistencia.(12)

En un estudio realizado, 2000. "Informe Nacional sobre la Gestión del Agua en Venezuela". Caracas), se indica que la demanda agregada nacional alcanzaba a 11.907 Mm3, para finales de la década de 1990. A pesar de que existe una importante superficie del país dotada de infraestructura de riego, muchos de los sistemas, instalados hace ya varias décadas, requieren cuantiosas inversiones para su funcionamiento.(13)

Los efectos del cambio climático sobre los recursos hídricos para uso consuntivo, requieren ser analizados junto con los efectos directos e indirectos sobre los cultivos, que incluyen rendimientos agrícolas, pestes y enfermedades y cría de animales. Sobre estos aspectos se ha hecho un importante progreso en diferentes regiones del mundo, pero muy poco en Venezuela. Las zonas más vulnerables son las que experimentan importantes fluctuaciones pluviométricas interanuales (zonas de transición entre climas subhúmedos y secos), donde la menor cantidad de humedad.(13)

En el informe sobre "Cambio Climático y Gestión del Agua en América Latina y El Caribe" (CEPAL, 1993), se indica que ante un escenario de mayores temperaturas del agua y menores caudales, los problemas de contaminación de este elemento se agravarán y se requerirá la adopción de normas más estrictas de tratamiento de aguas residuales para mantener los niveles de calidad del recurso. Entre los aspectos que se verían afectados están: la proporción de oxígeno disuelto, sedimentos en suspensión, coliformes fecales, efluentes químicos tóxicos, nitrógeno, fósforo, así como el grado de salinidad y acidez. (14)

Los caudales bajos, son un aspecto preocupante en nuestro país, ya que prácticamente la mayor parte de los desechos humanos e industriales se vierten a los cursos de agua, sin tratamiento previo, y una parte importante de la población no tiene acceso al agua potable. Otros cuerpos de agua, como lagos, lagunas y ciénagas podrían disminuir sus volúmenes y debido al aumento de temperatura se intensificaría el crecimiento de algas. (14)

BASES TEÓRICAS

Concepto de Agua

El agua (del latín aqua) es una sustancia cuya molécula está formada por dos átomos de hidrógeno y uno de oxígeno (H2O). Es esencial para la supervivencia de todas las formas conocidas de vida.

El término agua, generalmente, se refiere a la sustancia en su estado líquido, pero la misma puede hallarse en su forma sólida llamada hielo, y en forma gaseosa denominada vapor. El agua cubre el 71% de la superficie de la corteza terrestre.(2)

Se localiza principalmente en los océanos donde se concentra el 96,5% del agua total, los glaciares y casquetes polares poseen el 1,74%, los depósitos subterráneos (acuíferos), los permafrost y los glaciares continentales suponen el 1,72% y el restante 0,04% se reparte en orden decreciente entre lagos, humedad del suelo, atmósfera, embalses, ríos y seres vivos.

El agua es un elemento común del sistema solar, hecho confirmado en descubrimientos recientes. Puede ser encontrada, principalmente, en forma de hielo; de hecho, es el material base de los cometas y el vapor que compone sus colas.(15)

Desde el punto de vista físico, el agua circula constantemente en un ciclo de evaporación o transpiración (evapotranspiración), precipitación, y desplazamiento hacia el mar. Los vientos transportan tanto vapor de agua como el que se vierte en los mares mediante su curso sobre la tierra, en una cantidad aproximada de 45.000 km³ al año. En tierra firme, la evaporación y transpiración contribuyen con 74.000 km³ anuales al causar precipitaciones de 119.000 km³ cada año.

Se estima que aproximadamente el 70% del agua dulce es usada para agricultura. El agua en la industria absorbe una media del 20% del consumo mundial, empleándose en tareas de refrigeración, transporte y como disolvente de una gran variedad de sustancias químicas. El consumo doméstico absorbe el 10% restante.(15)

El agua es esencial para la mayoría de las formas de vida conocidas por el hombre, incluida la humana. El acceso al agua potable se ha incrementado durante las últimas décadas en la superficie terrestre. Sin embargo estudios de la FAO, estiman que uno de cada cinco países en vías de desarrollo tendrá problemas de escasez de agua antes de 2030; en esos países es vital un menor gasto de agua en la agricultura modernizando los sistemas de riego.(2)

Estados físicos del Agua

El agua se puede presentar en tres estados siendo una de las pocas sustancias que pueden encontrarse en sus tres estados de forma natural. El agua adopta formas muy distintas sobre la tierra: como vapor de agua, conformando nubes en el aire; como agua marina, eventualmente en forma de icebergs en los océanos; en glaciares y ríos en las montañas, y en los acuíferos subterráneos su forma líquida.(4,5)

El agua puede disolver muchas sustancias, dándoles diferentes sabores y olores. Como consecuencia de su papel imprescindible para la vida, el ser humano, entre otros muchos animales, ha desarrollado sentidos capaces de evaluar la potabilidad del agua, que evitan el consumo de agua salada o putrefacta. Los humanos también suelen preferir el consumo de agua fría a la que está tibia, puesto que el agua fría es menos propensa a contener microbios.

El sabor perceptible en el agua de deshielo y el agua mineral se deriva de los minerales disueltos en ella; de hecho el agua pura es insípida. Para regular el consumo humano, se calcula la pureza del agua en función de la presencia de toxinas, agentes contaminantes y microorganismos. El agua recibe diversos nombres, según su forma y características.(5)

Según su estado físico:

- Hielo (estado sólido)
- Agua (estado líquido)
- Vapor (estado gaseoso)

Según su posición en el ciclo del agua:

–Hidrometeoro

–Precipitación

–Precipitación según desplazamiento

–Precipitación vertical :

–Lluvia, lluvia congelada ,llovizna ,lluvia helada ,nieve ,granizo blando, gránulos de nieve ,perdigones de hielo, aguanieve, pedrisco, cristal de hielo

Precipitación según estado:

- Precipitación líquida, lluvia, lluvia helada, llovizna, llovizna helada, rocío
- Precipitación solida:
- Nevasca, granizo blando, gránulos de nieve, perdigones de hielo, lluvia helada, granizo, prismas de hielo, escarcha, congelación atmosférica, hielo glaseado, aguanieve.
- Precipitación mixta: con temperaturas cercanas a 0°c.

Partículas en suspensión:

- Nubes, niebla, bruma
- Partículas en ascenso (impulsadas por el viento): Ventisca, nieve revuelta

Según su circunstancia:

Agua subterránea , de deshielo , meteórica , inherente – la que forma parte de una roca ,agua fósil ,agua dulce ,agua superficial ,agua mineral – rica en minerales agua salobre ligeramente salada , agua muerta – extraño fenómeno que ocurre cuando una masa de agua dulce o ligeramente salada circula sobre una masa de agua más salada, mezclándose ligeramente. Son peligrosas para la navegación. Agua de mar, salmuera - de elevado contenido en sales, especialmente cloruro de sodio.

Según sus usos:

Agua entubada, agua embotellada, agua potable – la apropiada para el consumo humano, contiene un valor equilibrado de minerales que no son dañinos para la salud. , agua purificada – corregida en laboratorio o enriquecida con algún agente – Son aguas que han sido tratadas para usos específicos en la ciencia o la ingeniería. Lo habitual son tres tipos:

- Agua destilada
- Agua de doble destilación
- Agua desionizada

Atendiendo a otras propiedades

Agua blanda (pobre en minerales), agua dura (de origen subterráneo, contiene un elevado valor mineral,) agua de cristalización (es la que se encuentra dentro de las redes cristalinas. hidratos), agua impregnada en otras sustancias químicas, agua pesada (es un agua elaborada con átomos pesados de hidrógeno-deuterio). En estado natural, forma parte del agua normal en una concentración muy reducida. Se ha utilizado para la construcción de dispositivos nucleares, como reactor

Según la microbiología

Agua potable, agua residual, agua lluvia o agua de superficie

Propiedades físicas y químicas

El agua es una sustancia que químicamente se formula como H2O; es decir, que una molécula de agua se compone de dos átomos de hidrógeno enlazados covalentemente a un átomo de oxígeno.

Fue Henry Cavendish quien descubrió en 1781 que el agua es una sustancia compuesta y no un elemento, como se pensaba desde la Antigüedad. Los resultados de dicho descubrimiento fueron desarrollados por Antoine Laurent de

Lavoisier dando a conocer que el agua estaba formada por oxígeno e hidrógeno. En 1804, el químico francés Joseph Louis Gay-Lussac y el naturalista y geógrafo alemán Alexander von Humboldt demostraron que el agua estaba formada por dos volúmenes de hidrógeno por cada volumen de oxígeno (H2O).(6)

Las propiedades fisicoquímicas más notables del agua son:

El agua es insípida e inodora en condiciones normales de presión y temperatura. El color del agua varía según su estado: como líquido, puede parecer incolora en pequeñas cantidades, aunque en el espectrógrafo se prueba que tiene un ligero tono azul verdoso. El hielo también tiende al azul y en estado gaseoso (vapor de agua) es incolora.

El agua bloquea sólo ligeramente la radiación solar UV fuerte, permitiendo que las plantas acuáticas absorban su energía. (5)

Ya que el oxígeno tiene una electronegatividad superior a la del hidrógeno, el agua es una molécula polar. El oxígeno tiene una ligera carga negativa, mientras que los átomos de hidrógenos tienen una carga ligeramente positiva del que resulta un fuerte momento dipolar eléctrico. La interacción entre los diferentes dipolos eléctricos de una molécula causa una atracción en red que explica el elevado índice de tensión superficial del agua.

La fuerza de interacción de la tensión superficial del agua es la fuerza de van der Waals entre moléculas de agua. La aparente elasticidad causada por la tensión superficial explica la formación de ondas capilares. A presión constante, el índice de tensión superficial del agua disminuye al aumentar su temperatura. También tiene un alto valor adhesivo gracias a su naturaleza polar.(14)

La capilaridad se refiere a la tendencia del agua de moverse por un tubo estrecho en contra de la fuerza de la gravedad. Esta propiedad es aprovechada por todas las plantas vasculares, como los árboles. Otra fuerza muy importante que refuerza la unión entre moléculas de agua es el enlace por puente de hidrógeno.

El punto de ebullición del agua (y de cualquier otro líquido) está directamente relacionado con la presión atmosférica. Por ejemplo, en la cima del Everest, el agua hierve a unos 68° C, mientras que al nivel del mar este valor sube hasta 100°. Del mismo modo, el agua cercana a fuentes geotérmicas puede alcanzar temperaturas de cientos de grados centígrados y seguir siendo líquida. Su temperatura crítica es de 373,85 °C (647,14 K), su valor específico de fusión es de 0,334 kJ/g y su índice específico de vaporización es de 2,23kJ/g.(14)

El agua es un disolvente muy potente, al que se ha catalogado como el disolvente universal, y afecta a muchos tipos de sustancias distintas. Las sustancias que se mezclan y se disuelven bien en agua, como las sales, azúcares, ácidos, álcalis, y algunos gases (como el oxígeno o el dióxido de carbono, mediante carbonación), son llamadas hidrófilas, mientras que las que no combinan bien con el agua, como lípidos y grasas, se denominan sustancias hidrofóbicas. Todos los componentes principales de las células de proteínas, ADN y polisacáridos se disuelven en agua. Puede formar un azeótropo con muchos otros disolventes.

El agua es miscible con muchos líquidos, como el etanol, y en cualquier proporción, formando un líquido homogéneo. Por otra parte, los aceites son inmiscibles con el agua, y forman capas de variable densidad sobre la superficie del agua. Como cualquier gas, el vapor de agua es miscible completamente con el aire. (16)

El agua pura tiene una conductividad eléctrica relativamente baja, pero ese valor se incrementa significativamente con la disolución de una pequeña cantidad de material iónico, como el cloruro de sodio. (13)

Origen del agua terrestre

Durante la formación de la Tierra, la energía liberada por el choque de los planetesimales, y su posterior contracción por efecto del incremento de la fuerza gravitatoria, provocó el calentamiento y fusión de los materiales del joven planeta. Este proceso de acreción y diferenciación hizo que los diferentes elementos químicos se reestructurasen en función de su densidad. El resultado fue la desgasificación del magma y la liberación de una enorme cantidad de elementos volátiles a las zonas más externas del planeta, que originaron la protoatmósfera terrestre. Los elementos más ligeros, como el hidrógeno molecular, escaparon de regreso al espacio exterior. Sin embargo, otros gases más pesados fueron retenidos por la atracción gravitatoria. Entre ellos se encontraba el vapor de agua. Cuando la temperatura terrestre disminuyó lo suficiente, el vapor de agua que es un gas menos volátil que el CO2 o el N2 comenzó a condensarse. De este modo, las cuencas comenzaron a llenarse con un agua ácida y caliente (entre 30°C y 60 °C).Esta agua ácida era un eficaz disolvente que comenzó a arrancar iones solubles de las rocas de la superficie, y poco a poco comenzó a aumentar su salinidad. (5,18)

El volumen del agua liberada a la atmósfera por este proceso y que precipitó a la superficie fue aproximadamente de 1,37 x 109 km³, si bien hay científicos que sostienen que parte del agua del planeta proviene del choque de cometas contra la protoTierra en las fases finales del proceso de acreción. En este sentido hay cálculos que parecen indicar que si únicamente el 10% de los cuerpos que chocaron contra la Tierra durante el proceso de acreción final hubiesen sido cometas, toda el agua planetaria podría ser de origen cometario, aunque estas ideas son especulativas y objeto de debate entre los especialistas.

El ciclo del agua

Implica una serie de procesos físicos continuos. Con ciclo del agua, conocido científicamente como el ciclo hidrológico, se denomina al continuo intercambio de agua dentro de la hidrosfera, entre la atmósfera, el agua superficial y subterránea y los organismos vivos.

El agua cambia constantemente su posición de una a otra parte del ciclo de agua, implicando básicamente los siguientes procesos físicos: evaporación de los océanos y otras masas de agua y transpiración de los seres vivos (animales y plantas) hacia la atmósfera, precipitación, originada por la condensación de vapor de agua, y que puede adaptar múltiples formas, escorrentía, o movimiento de las aguas superficiales hacia los océanos. (5)

La energía del sol calienta la tierra, generando corrientes de aire que hacen que el agua se evapore, ascienda por el aire y se condense en altas altitudes, para luego caer en forma de lluvia. La mayor parte del vapor de agua que se desprende de los océanos vuelve a los mismos, pero el viento desplaza masas de vapor hacia la tierra firme, en la misma proporción en que el agua se precipita de nuevo desde la tierra hacia los mares (unos 45.000 km^3 anuales).(16)

Ya en tierra firme, la evaporación de cuerpos acuáticos y la transpiración de seres vivos contribuye a incrementar el total de vapor de agua en otros 74.000 km^3 anuales. Las precipitaciones sobre tierra firme —con un valor medio de 119.000 km^3 anuales— pueden volver a la superficie en forma de líquido, como lluvia, sólido, nieve o granizo, o de gas, formando nieblas o brumas. El agua condensada presente en el aire es también la causa de la formación del arco iris: La refracción de la luz solar en las minúsculas partículas de vapor, que actúan como múltiples y pequeños prismas. El agua de escorrentía suele formar cuencas, y los cursos de agua más pequeños suelen unirse formando ríos.

El desplazamiento constante de masas de agua sobre diferentes terrenos geológicos es un factor muy importante en la conformación del relieve. Además, al arrastrar minerales durante su desplazamiento, los ríos cumplen un papel muy importante en el enriquecimiento del suelo. Parte de las aguas de esos ríos se desvían para su aprovechamiento agrícola. Los ríos desembocan en el mar, depositando los sedimentos arrastrados durante su curso, formando deltas.(16)

El terreno de estos deltas es muy fértil, gracias a la riqueza de los minerales concentrados por la acción del curso de agua. El agua puede ocupar la tierra firme con consecuencias desastrosas: Las inundaciones se producen cuando una masa de agua rebasa sus márgenes habituales o cuando comunican con una masa mayor, como el mar, de forma irregular.

Por otra parte, y aunque la falta de precipitaciones es un obstáculo importante para la vida, es natural que periódicamente algunas regiones sufran sequías. Cuando la sequedad no es transitoria, la vegetación desaparece, al tiempo que se acelera la erosión del terreno. Este proceso se denomina desertización y muchos países adoptan políticas para frenar su avance. En 2007, la ONU declaró el 17 de junio como el Día mundial de lucha contra la desertización y la sequía".(23)

ONU declara al agua y al saneamiento derecho humano esencial La Asamblea General de Naciones Unidas, aprobó el 28 de julio de 2010, en su sexagésimo cuarto período de sesiones, una resolución que reconoce al agua potable y al saneamiento básico como derecho humano esencial para el pleno disfrute de la vida y de todos los derechos humanos.(22)

El Día Mundial del Agua se origina en la Conferencia de las Naciones Unidas para el Medio Ambiente y el Desarrollo en Río de Janeiro, Brasil del 3-14 Junio de 1992, después de la cual, La Asamblea General de las Naciones Unidas adoptó el 22 de diciembre de 1992 la resolución por la que el 22 de marzo de cada año, fue declarado Día Mundial del Agua.

Se invitó a los [illegible] a realizar actividades relacionadas con la conservación y el desarrollo de los recursos hídricos, apelando a la puesta en práctica de las recomendaciones de la Conferencia de las Naciones Unidas sobre Medio Ambiente y Desarrollo contenidas en el Capítulo 18 (Recursos de Agua Dulce) de la Agenda 21.(23)

Agua para beber: necesidad del cuerpo humano

El cuerpo humano está compuesto de entre un 55% y un 78% de agua, dependiendo de sus medidas y complexión. Para evitar desórdenes, el cuerpo necesita alrededor de siete litros diarios de agua; la cantidad exacta variará en función del nivel de actividad, la temperatura, la humedad y otros factores. (18)

La mayor parte de esta agua se absorbe con la comida o bebidas, no estrictamente agua. No se ha determinado la cantidad exacta de agua que debe tomar un individuo sano, aunque una mayoría de expertos considera que unos 6-7 vasos de agua diarios (aproximadamente dos litros) es el mínimo necesario para mantener una adecuada hidratación. (19)

La literatura médica defiende un menor consumo, típicamente un litro de agua diario para un individuo varón adulto, excluyendo otros requerimientos posibles debidos a la pérdida de líquidos causada por altas temperaturas o ejercicio físico. Una persona con los riñones en buen estado tendrá dificultades para beber demasiado agua, pero especialmente en climas cálidos y húmedos, o durante el ejercicio, beber poco también puede ser peligroso. El cuerpo humano es capaz de beber mucha más agua de la que necesita cuando se ejercita, llegando incluso a ponerse en peligro por hiperhidratación, o intoxicación de agua.(19)

Uso doméstico del agua

Se ha estimado que los humanos consumen «directamente o indirectamente» alrededor de un 54% del agua dulce superficial disponible en el mundo. Este porcentaje se desglosa en:

Un 20%, utilizado para mantener la fauna y la flora, para el transporte de bienes (barcos) y para la pesca, y el 34% restante, utilizado de la siguiente manera: El 70% en irrigación, un 20% en la industria y un 10% en las ciudades y los hogares.(18)

El consumo humano representa un porcentaje reducido del volumen de agua consumido a diario en el mundo. Se estima que un habitante de un país desarrollado consume alrededor de 5 litros diarios en forma de alimentos y bebidas. Estas cifras se elevan dramáticamente si consideramos el consumo industrial. (11)

Consumo aproximado de agua por persona/día

Actividad	Consumo de agua
Lavar la ropa	60-100 litros
Limpiar la casa	15-40 litros
Limpiar la vajilla a máquina	18-50 litros
Limpiar la vajilla a mano	100 litros
Cocinar	6-8 litros
Darse una ducha	35-70 litros
Bañarse	200 litros
Lavarse los dientes	30 litros
Lavarse los dientes (cerrando el grifo)	1,5 litros
Lavarse las manos	1,5 litros
Afeitarse	40-75 litros
Afeitarse (cerrando el grifo)	3 litros
Lavar el coche con manguera	500 litros
Descargar la cisterna	10-15 litros
Media descarga de cisterna	6 litros
Regar un jardín pequeño	75 litros
Riego de plantas domésticas	15 litros
Beber	1,5 litros

Uso del agua (6,18,19)

La contaminación del agua

Los humanos llevamos mucho tiempo depositando nuestros residuos y basuras en la atmósfera, en la tierra y en el agua. Esta forma de actuar hace que los residuos no se traten adecuadamente y causen contaminación. (15) La contaminación del agua afecta a las precipitaciones, a las aguas superficiales, a las subterráneas y como consecuencia degrada los ecosistemas naturales. (13)

El crecimiento de la población y la expansión de sus actividades económicas están presionando negativamente a los ecosistemas de las aguas costeras, los ríos, los lagos, los humedales y los acuíferos. Ejemplos son la construcción a lo largo de la costa de nuevos puertos y zonas urbanas, la alteración de los sistemas fluviales para la navegación y para embalses de almacenamiento de agua, el drenaje de humedales para aumentar la superficie agrícola, la sobreexplotación de los fondos pesqueros, las múltiples fuentes de contaminación provenientes de la agricultura, la industria, el turismo y las aguas residuales de los hogares.(19)

Cuadro de Operacionalizacion de la variable Fuente : Paredes R. Genesis (2012)

Objetivo general: Determinar el grado de Comportamiento y Conocimiento sobre la Preservación de nuestro preciado liquido el agua potable en los estudiantes del 4º año de la UE "Rodolfo Loero Arismendi" de la ciudad de Valera Estado Trujillo durante el Periodo Febrero a Junio del 2012

Objetivos específicos	Variable	Dimensiones	Indicadores	Ítems
Identificar el grado de Conocimiento sobre la preservación del agua potable en los estudiantes participantes en la investigación.	Conocimiento de la conservación del agua	Características epidemiológicas	Edad Sexo	1 2
Identificar el comportamiento en cuanto al uso del agua y su repercusión en la preservación de la misma en los participantes sujetos a estudio		Uso del agua	Hábitos diarios Consumo Uso domestico	3 4 5
Establecer y fomentar la importancia de las medidas de preservación del agua que se llevan en la práctica diaria para su uso en los participantes en estudio		Importancia de la preservación	Uso controlado del agua Uso del agua de lluvia	6,7,8,9,10,11,12

METODOLOGIA DE INVESTIGACION

La presente investigación se ha diseñado realizando un trabajo de tipo descriptivo, transversal, de campo utilizando un instrumento (encuesta) para la recolección de los datos necesarios.

Se decidió trabajar con alumnos del 4° año de la UE "Rodolfo Loero Arismendi" de la ciudad de Valera estado Trujillo; a quienes se les aplicara el instrumento – encuesta, la cual consta de doce ítems donde las respuestas son cerradas (si, no), para determinar el conocimiento y la puesta en práctica por parte de los participantes de algunas de las medidas para el uso y preservación del agua.

TIPO DE INVESTIGACIÓN

La presente investigación, de acuerdo al problema y objetivos que se plantea es de tipo descriptivo, siendo su propósito determinar el conocimiento de la conservación del agua en los estudiantes del 4° año de la UE "Rodolfo Loero Arismendi" de la ciudad de Valera estado Trujillo Febrero – junio del 2012.

En la investigación de tipo descriptiva se orienta a recoger las informaciones relacionadas con el estado real de las personas, objetos, situaciones o fenómenos, tal como se presentaron en el momento de la recolección (7). La investigación se tipificó como descriptiva, ya que estudió la variable a través de los indicadores que describen los hechos característicos para medir su comportamiento.

TIPO DE DISEÑO

La presente investigación correspondió a un diseño de campo y documental; el cual consiste en la recolección de los datos directamente de los sujetos investigados, o de la realidad donde ocurren los hechos (datos primarios), sin manipular o controlar variable alguna, es documental porque se acudió a referencias bibliográficas para recolectar información proveniente de documentos escritos e investigaciones realizadas (7). El estudio se basó con esta característica debido a que se obtuvo información directamente de los estudiantes del 4° año de la UE "Rodolfo Loero Arismendi" de la ciudad de Valera estado Trujillo

Igualmente, la investigación es no experimental, ya que no se manipuló deliberadamente la variable, sino solo se observaron los fenómenos tal y como se dan en su contexto natural, para después analizarlos; es decir, fue evaluada sin la intervención o manipulación del investigador. En consecuencia el diseño se realizó a través de un plan de verificación de los objetivos de la investigación para ser contrastado con las teorías descritas en las bases teóricas de la investigación.

Asimismo, al considerar el tiempo empleado en la recolección de la información, y según la evolución del fenómeno el estudio fue de tipo transversal, por cuanto la variable es medida una sola vez, sin observar su evolución del tiempo y se recolectan datos en un solo momento, en un tiempo único" (8), esta investigación se desarrolló durante el período Febrero –Junio del 2012.

POBLACIÓN Y MUESTRA

La población es el universo de la investigación sobre el cual se pretende generalizar los resultados (8). Es no probabilística intencional, la población de la investigación, está conformada por 416 estudiantes de "Rodolfo Loero Arismendi" de las cuales se seleccionó una muestra de 50 estudiantes del 4° año diversificado de dicha institución

TÉCNICA E INSTRUMENTO DE RECOLECCIÓN DE DATOS

La investigación se llevó a cabo con instrumentos de recolección de datos propios del diseño de investigación, por lo que se tiene:

Una ficha impresa con preguntas cerradas que permitió recopilar la información necesaria para la realización del estudio planteado. Se diseñó 12 ítems que permitieron recopilar desde el punto de vista de los estudiantes de 4° año UE Rodolfo Loreo Arismendi, los datos necesarios según los objetivos propuestos en esta investigación (Anexo N° 1).

Esta técnica de trabajo permitirá investigar los hechos o fenómenos de forma general y no particular bajo estructura lógica, rígida que permanece inalterable a lo largo de todo el proceso investigativo.

VALIDEZ DEL INSTRUMENTO

La validez constituye el segundo criterio de importancia para evaluar la idoneidad de un instrumento cuantitativo; denota el grado en que el instrumento mide lo que se supone que debe medir (7). Es importante destacar que una vez diseñado el instrumento, tiene que ser sometido a pruebas para verificar su validez, la cual se obtendrá mediante la evaluación por parte de profesores de la UE Rodolfo Loero Arismendi, quienes revisaran la pertinencia de los ítems o preguntas con la variable, dimensiones e indicadores establecidos. De la revisión efectuada de los instrumentos por parte de los profesores se podrá dar comienzo a la aplicación del mismo.

TÉCNICAS PARA EL ANÁLISIS DE LA INFORMACIÓN

Para tabular los datos recolectados se aplicara el paquete informático programa Microsoft Excel (2000), el cual facilitara la automatización requerida para el eficiente manejo de la información que se recolectara, tomando en cuenta la variable, indicadores e ítems.

La estadística es la recopilación, presentación, análisis e interpretación de datos numéricos (7). Además la estadística permitirá obtener una revisión global de todo el conjunto de datos, agrupándolos en distribución de frecuencias, constituyéndose tablas, gráficos y figuras que permiten visualizar los datos.

PROCEDIMIENTO PARA LA RECOLECCIÓN DE LOS DATOS

Para la recolección de datos se utilizara la técnica de la entrevista donde se aplicara un instrumento formado por 12 ítems con preguntas relativas al tema, donde las respuestas son cerradas (si, no), a fin de obtener información necesaria por la investigación.

Posteriormente se procesaran los datos, se analizaran, se presentaran en cuadros y gráficos con sus respectivas discusiones de los resultados

Procedimiento que se utilizara para recolectar los datos constara de:

a) Diseño del instrumento de recolección de datos y la realización de un estudio técnico que permita la validación de los mismos, al igual que su confiabilidad.
b) Revisión Bibliográfica.
c) Aplicación práctica de la ficha instrumento de recolección de datos.
d) Procesamiento y análisis de la información.
e) Presentación y discusión de los resultados.

Factores de inclusión

Los estudiantes del 4° año secciones B y C de la UE Rodolfo Loero Arismendi.

Los que estuvieron presentes para el momento que se aplicó el instrumento (encuesta).

Los que quisieron participar.

Factores de exclusión

Los que no asistieron a clases el día que se aplicó el instrumento de investigación (encuesta)

Los que no quisieron participar.

Los alumnos del 4° año sección" A" para evitar manipulación de las respuesta debido a que seis de los alumnos realizaron esta investigación.

ANALISIS DE LOS DATOS

TABLA 1

Edad de los Estudiantes del 4° año UE "Rodolfo Loero Arismendi" participantes en el estudio de Comportamiento y Conocimiento sobre la Preservación de Nuestro Preciado Líquido el agua Potable durante el Periodo de Febrero a Junio del 2012 Valera estado Trujillo.

EDAD AÑOS	N°	%
15 años	16	32
16 años	30	60
17 años	04	08
TOTAL	50	100

Fuente: Instrumento de Investigación (encuesta)

Análisis: La edad con el mayor número de participantes sujetos a estudio se encuentra en el grupo de 16 años con 30 estudiantes para un 60% seguido de los de 15 años con 16 participantes para un 32%.

GRAFICO 1

Edad de los Estudiantes del 4° año UE "Rodolfo Loero Arismendi" participantes en el estudio de Comportamiento y Conocimiento sobre la Preservación de Nuestro Preciado Líquido el agua Potable durante el Periodo de febrero a Junio del 2012 Valera estado Trujillo.

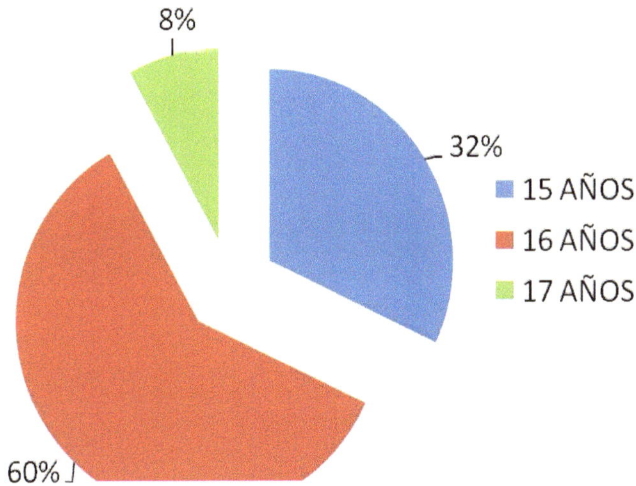

Fuente: Instrumento de Investigación (encuesta)

TABALA 2

Sexo de los Estudiantes del 4° año UE "Rodolfo Loero Arismendi" participantes en el estudio de Comportamiento y Conocimiento sobre la Preservación de Nuestro Preciado Líquido el agua Potable durante el Periodo de Febrero a Junio del 2012 Valera estado Trujillo.

SEXO	N°	%
Masculino	22	44
Femenino	28	56
TOTAL	50	100

Fuente: Instrumento de Investigación (encuesta)

Análisis: El sexo que predomino en los participantes en estudio es el femenino con 28 estudiantes para un 56%

GRAFICO 2

Sexo de los Estudiantes del 4° año UE "Rodolfo Loero Arismendi" participantes en el estudio de Comportamiento y Conocimiento sobre la Preservación de Nuestro Preciado Líquido el agua Potable durante el Periodo de febrero a Junio del 2012 Valera estado Trujillo

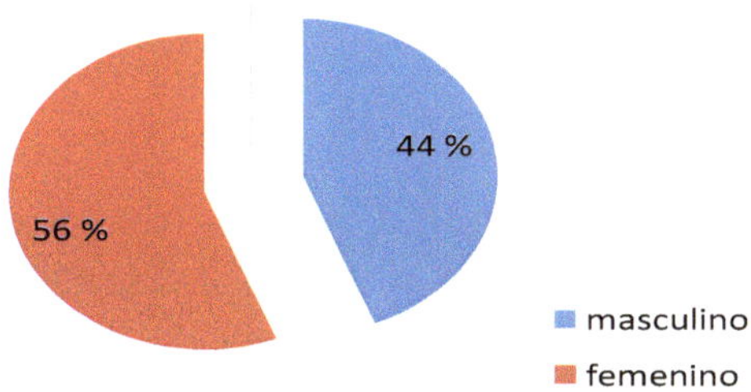

Fuente: Instrumento de Investigación (encuesta)

TABLA 3

Indicadores de Comportamiento y Conocimiento sobre la preservación de Nuestro Preciado Líquido el Agua Potable en los Estudiantes del 4° año UE "Rodolfo Loero Arismendi "durante el periodo de Febrero a Junio 2012

INDICADORES DE CONOCIMIENTO Y COMPORTAMIENTO	SI		NO		NO CONTESTADA		TOTAL	
	Nº	%	Nº	%	Nº	%	Nº	%
Mantiene la llave del agua abierta mientras te cepillas los dientes	25	50	23	46	02	04	50	100
Mientras te duchas mantienes la llave del agua abierta todo el tiempo	29	58	21	42	__	__	50	100
Mantienes la llave del agua abierta cuando lavas utensilios de cocina	29	58	21	42	__	__	50	100
Te asegura que el grifo del agua no quede goteando	27	54	22	44	01	02	50	100
Crees que el agua de lluvia se puede utilizar	27	54	23	46	__	__	50	100
Crees que son suficientes 3 tobos de agua(45,6 lts) para lavar un carro	27	54	23	46	__	__	50	100
Crees que se gasta más agua lavando la ropa a mano que en lavadora	27	54	23	46	__	__	50	100
Crees que e importante el agua para vivir	48	96	02	04	__	__	50	100
El agua es un recurso natural renovable	40	80	07	14	03	06	50	100
Sabes cuantos litros de agua necesitas para bañarte	03	06	47	94	__	__	50	100

Fuente: Instrumento de Investigación (encuesta)

Análisis: En cuanto a los indicadores de comportamiento y conocimiento de la preservación de nuestro preciado líquido el agua Potable se obtiene que del 50% al 58% de los participantes mantienen abierta la llave del agua mientras se cepillan los dientes, se duchan, y lavan los utensilios de cocina, el 54% se aseguran que no quede goteando el grifo del agua, creen que se puede utilizar el agua de lluvia, que 3 tobos (total 45lts) son suficientes para lavar un carro y que se gasta más lavado a mano que en lavadora , el 96% saben que el agua es importante para vivir, el 80% tienen el conocimiento de que el agua es un recurso natural renovable y el 94% no saben cuántos litros de agua se necesitan para bañarse.

DISCUSIÓN DE LOS RESULTADOS

El agua es indispensable para la vida de todos los seres vivos; actualmente existen escases del agua potable en diferentes zonas urbanas y rurales de nuestra geografía Trujillana esto sumado a la inconsciencia de los consumidores en cuanto al ahorro del agua potable hace que este preciado líquido sea más inalcanzable cada día por lo que se debe comenzar a educar a la población desde los niveles iniciales hasta la diversificada ; para poder garantizar el mejor aprovechamiento del agua y la disponibilidad de la misma para nuestras futuras generaciones.

La edad que predomino en los participantes fue el grupo de 16 años; con base a este resultado podemos decir que los jóvenes copian el modelo formado por sus padres y muchos de ellos no se les ha fomentado la conciencia del uso, y conservación del agua.

Estudios demuestran que la conciencia en cuanto al consumo del agua potable y la contaminación de nuestras fuentes de agua se deben comenzar desde los hogares, escuelas, comunidades, medios de comunicación y políticas de Estado que favorezcan la preservación de este preciado líquido. (2).

El sexo predominante en este estudio fue el femenino lo cual indica que estas participantes reflejan las conductas aprendidas en su hogar.

Estudios demuestran que el sexo femenino se encargan en su mayoría de las actividades domésticas y son las que educan a sus hijos enseñando las conductas a seguir por ser estas las que permanecen con mayor frecuencia en el hogar (11).

En cuanto a los indicadores de Comportamiento y Conocimiento sobre la preservación de Nuestro Preciado Líquido el agua Potable encontramos lo siguiente: La mayoría de los participantes mantienen la llave abierta todo el tiempo mientras se cepillan los dientes, se duchan y lavan los utensilios de cocina.

Este tipo de conducta es aprendida a través de sus padres o personas mayores con quienes conviven en sus hogares, esto refleja la falta de conocimiento y conciencia de los estas personas mayores quienes no educan a sus hijos y no le corrigen este tipo de conducta y tampoco fomentan el ahorro y uso racional de este vital líquido.

Estudios confirman que la mejor formación y educación comienza en el hogar donde los padres o progenitores deben enseñar, corregir y fomentar conductas que favorezcan la salud, la preservación de nuestros recursos naturales y servicios públicos. (18).

El 54% de los estudiantes sujetos a la investigación se aseguran que el grifo del agua no quede goteando, creen que el agua de lluvia se puede utilizar, que son suficientes 3 tobos de agua (total 45lts) para lavar un carro y que se gasta más agua lavando a mano que en lavadora.

Estudios confirman que una llave goteando se pueden perder más de 20lts de agua al día que podría ser aprovechada para uso doméstico de cualquier población que la necesite (17,19).

En cuanto a lavar un carro con 3 tobos de agua (de 4 galones cada uno) y (un galón equivale a 3,8 lts , que estos sumarian a su vez 45,6 lts); esto nos demuestra los momentos de escases de este preciado líquido que han vivido los participantes de la investigación por lo que esta conducta se les hace familiar.

Estudios realizados afirman que se puede lavar un carro pequeño con 45,6 litros de agua y que a su vez no esté tan sucio, normalmente se pueden llegar a gastar más de 500 litros de agua usando manguera y sin cerrar el grifo del agua y 200lts si se cierra la llave mientras se enjabona y pasa el trapo, en carro grande y muy sucio (19).

Investigaciones realizadas reflejan que se puede usar el agua de lluvia para lavar la casa, regar las plantas y en los inodoros favoreciendo el mejor aprovechamiento del agua sobre todo en zonas donde hay escases y esta práctica es frecuente. (11).

En cuando al uso de lavadora si se colocan la cantidad de cargas de ropa suficientes se gasta menos agua de lo contrario si se colocan tres piezas se estaría desperdiciando este preciado líquido.

La mayoría de los participantes saben que el agua es indispensable para la vida y que es un recurso natural renovable, si bien esto es cierto no debemos abusar de ello ya que si contaminamos nuestras fuentes de agua (ríos, embalses) no tendremos este preciado líquido para vivir.

Estudios demuestran que el agua a pesar de ser un recurso natural renovable puede llegar a agotarse por el calentamiento global, crecimiento poblacional, la contaminación de las aguas, la quema indiscriminada de la vegetación; llegando agotarse la misma y quedando muy limitado su uso (2,10)

La mayoría de los estudiantes participantes de esta investigación no saben cuántos litros de agua se necesitan para bañarse, esto demuestra la falta de conocimiento y conciencia sobre el uso racional del agua.

Estudios demuestran que se necesitan 200 lts para bañarse tres veces al día cerrando el grifo mientras se enjabona, de lo contrario se gastarían más de 600 lts por lo que debemos tener conciencia en hacer uso racional del agua para poder disfrutar de este preciado líquido tanto nosotros como nuestras futuras generaciones (11).

CONCLUSIONES

Después de analizados los resultados y dando respuestas a cada uno de los objetivos planteados para esta investigación se llegó a las siguientes conclusiones:

La mayoría de los participantes en estudio tienen poco conocimiento sobre la preservación y la importancia que tiene el agua potable.

Los estudiantes sujetos a investigación no tienen el hábito del uso racional del agua ni conocimiento sobre conservación de la misma.

RECOMENDACIONES

Dirigidas a la Institución: UE “Rodolfo Loero Arismendi”

Se les sugiere dar charlas educativas a los alumnos buscando expertos en el tema para dicten las mismas.

Se recomienda hacer mantenimiento de las tuberías, grifos y baños para evitar fugas y desperdicios del agua potable.

Dirigidas a los Profesores:

Se les plantea la necesidad de dar educación para la salud con temas que incluyan la conservación del agua y nuestros servicios públicos.

Dirigidas a los alumnos y compañeros de estudio:

Se les recomienda no dañar las tuberías, grifos de agua y baños.

Se les aconseja cuidar las instalaciones de la institución para que la disfrutemos nosotros y otros que quieran estudiar en este colegio.

REFERENCIAS BIBLIOGRÁFICAS

1. Baroni, L.; Cenci, L.; Tettamanti, M.; Berati, M. (2007). «Evaluating the environmental impact of various dietary patterns combined with different food production systems». European Journal of Clinical Nutrition 61: pp. 279–286. doi:10.1038/sj.ejcn.1602522.
2. wwwhttp// «No hay crisis mundial de agua, pero muchos países en vías de desarrollo tendrán que hacer frente a la escasez de recursos hídricos». Fao. 2009.
3. Björn Lomborg (2001), The Skeptical Environmentalist (Cambridge University Press), ISBN 0-521-01068-3, p. 22
4. wwwhttp//Datos del Centro del Agua del Trópico Húmedo para la América Latina y el Caribe (CATHALAC), en Tipos de agua, del portal agua.org.mx.
5. Braun, Charles L.; Sergei N. Smirnov (1993). «Why is water blue?» (HTML).J.Chem.Educ.70(8)pp.612. .
6. 2º Informe de Naciones Unidas sobre Desarrollo Recursos Hídricos en el Mundo, p.123-9
7. González (González, A. 2000. "Informe Nacional sobre la Gestión del Agua en Venezuela". Caracas),
8. Arias, F. Proyecto de Investigación Introducción a la Investigación Científica. 4ta Edición. Caracas. Epísteme. (2004)
9. Hernández, R. Fernández, C. y Baptista, P. Metodología de la Investigación. México. Mc Graw Hill Interamericana.(2003)
10. Cambio Climático y Gestión del Agua en América Latina y El Caribe" (CEPAL, 1993)

11. Igle Umbría Núñez, Ricardo Trezza Peñab y Hervé Jégatuso, manejo y conservación del agua un problema de todos Universidad de los Andes. Núcleo Universitario Rafael Rangel. Departamento de Ingeniería NURR-ULA-Trujillo-Venezuela 2009
12. Celina, García, Rodríguez, Marcelo .Calidad del agua en la Laguna de San Vicente Medellín .Colombia 2007
13. Informe Nacional sobre la Gestión del Agua en Venezuela". Caracas),2000
14. wwwhttp//Cambio Climático y Gestión del Agua en América Latina y El Caribe" (CEPAL, 1993),
15. wwwhttp// La contaminación del lago Baikal es inferior a la estimada, en Masmar.net, 5 de septiembre de 2008.
16. Sistemas hidrotermales marinos profundos. MAHER, Kevin A., y STEPHENSON, David J., "Impact frustration of the origin of life", Nature, Vol. 331, pp. 612–614. 18 de febrero de 1988.
17. Alberto Crespo ", Alberto Crespo, en "La crisis del agua refleja otras crisis". BBC.com, 14 de marzo de 2006.
18. wwwhttp// Conservación del agua. Fundación CIARA-Venezuela 2007
19. Wwwhttp//Uso racional del agua. Wikipedia, enciclopedia libre.
20. Ernesto Hoeflich, Gerónimo Cano, Raúl Antonio Garza Cuevas y Enrique. Martínez, "Ciencia Ambiental y Desarrollo Sostenible" Editorial International Thomson México1997.
21. Robert E. Ricklefs, "Invitación a la Ecología" Editorial Panamericana, 4ºEdición, Buenos Aires 1998.
22. wwwhttp// ONU El agua potable como derecho humano
23. wwwhttp// ONU Día mundial del agua 22 de marzo

ANEXO 1

ENCUESTA

1.EDAD __________ 2.SEXO___________

AGRADECEMOS SU COLABRACION TUS RESPUESTAS NOS PERMITIRAN REALIZAR NUESTRO TRABAJO DE INVESTIGACION SOLO DEBES MARCAR TU RESPUESTA CON UNA "X".

3.MANTIENES LA LLAVE DEL AGUA ABIERTA MIENTRAS TE CEPILLA LOS DIENTES: SI___ NO__

4.MIENTRAS TE DUCHAS MANTIENES LA LLAVE DEL AGUA ABIERTA TODO EL TIEMPO: SI___NO__

5.MANTIENES LA LLAVE DEL AGUA ABIERTA CUANDO LAVAS UTENSILIOS DE COCINA : SI__NO__

6.TE ASEGURAS QUE EL GRIFO DEL AGUA NO QUEDE GOTEANDO: SI____NO___

7.CREES QUE EL AGUA DE LLUVIA SE PUEDE UTILIZAR: SI____NO____

8.CREES QUE ES SUFICIENTE 3 TOBOS (TOTAL 45 lts) DE AGUA PARA LAVAR UN CARRO : SI____NO___

9.CREES QUE SE GASTA MAS LAVANDO LA ROPA A MANO QUE EN LAVADORA : SI_____NO____

10.CREES QUE ES IMPORTANTE EL AGUA PARA PODER VIVIR SI___NO___

11.EL AGUA ES UN RECURSO NATURAL RENOVABLE SI___NO__

12.SABES CUANTOS LITROS DE AGUA NECESITAS PARA BAÑARTE SI__NO__